実物大（じつぶつだい）

# 絵でみる
# 大都市のターミナル駅

都心や副都心のターミナル駅＊の地下には、いくつもの地下鉄の路線が交差しています。駅の出入口と直結して、飲食店や雑貨店などがならぶ大きな地下街も広がっています。

＊「ターミナル」は英語で「終点」という意味。鉄道やバスなどの路線が集まって発着するところ。

地下鉄の駅のホームは、新しい路線ほど、深いところにつくられていく。
→10ページ

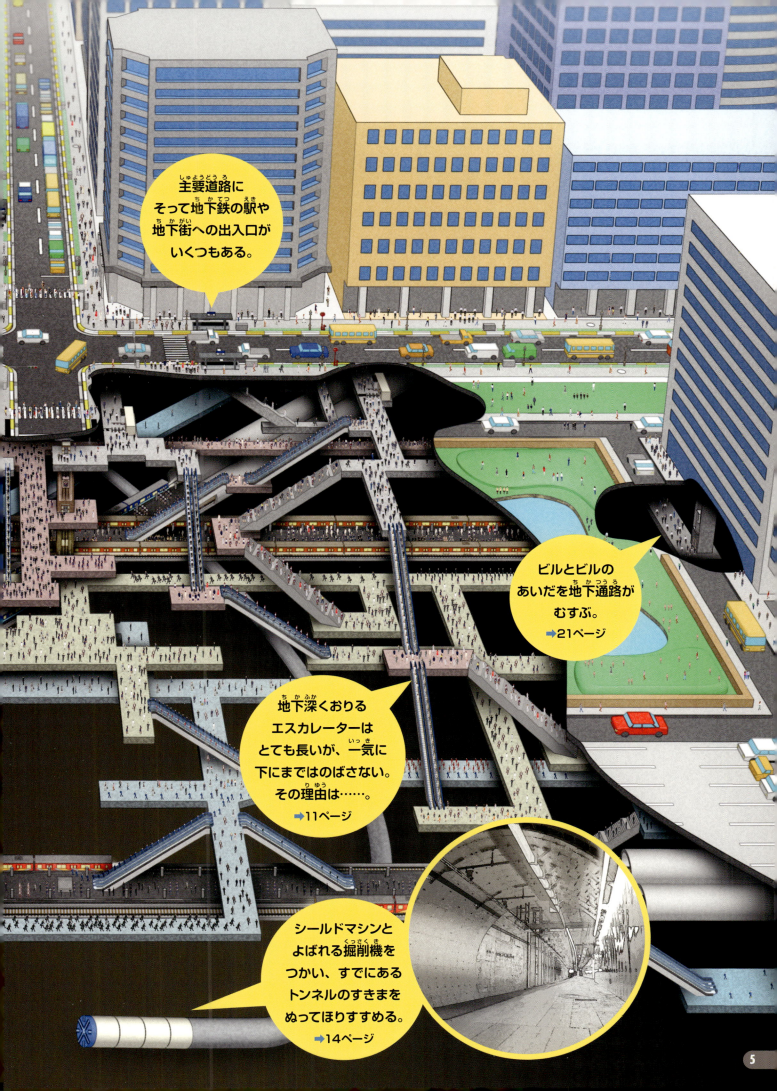

# はじめに

　みなさんは「地下」について考えてみたことがありますか？ 地下鉄、地下街、百貨店の地階やビルの地下室、地下駐車場などが思いうかぶでしょう。トンネルを思いつくかもしれません。

　では、道路の下にはなにがうまっているのか、イメージできるでしょうか？　道路工事で地下をほっているのをみたことはあるけれど、地下がどのようになっているのかはわからないでしょう。まして深い地下がどのようになっているかは想像もつかないでしょう。

　人口が都市部に密集し、国土もせまい日本では、地下がじょうずにつかわれています。地下鉄やトンネルだけでなく、水をためるための地下施設や廃棄施設が全国にあります。地下美術館、地下図書館、地下発電所、地下工場などさまざまな利用法がみられます。核シェルターというのもあります。

　このシリーズでは、大きな写真や図版など、ビジュアルを中心に、おもしろく地下を「解剖」し、4巻にわけて、地下のひみつにせまっていきます。みなさんがふだん気づかない地下の利用方法や、知っていると役に立つ地下のひみつ、さまざまな地下の活用法など、いろいろな面から「地下のひみつ」にせまります。

❶ **人類の地下活用の歴史**
❷ **上下水道・電気・ガス・通信網**
❸ **街に広がる地下の世界**
❹ **未来の地下世界**

# もくじ

巻頭　絵でみる 大都市のターミナル駅 ……………………………………… 1

1　大都市にはりめぐらされている地下鉄 ……………………………………… 8
2　最深部にある駅のホームは地下7階 ………………………………………… 10
3　さらに進む鉄道の地下化 ……………………………………………………… 12

**これはびっくり！** トンネルのほり方のうつりかわり ……………………… 14
**これはびっくり！** シールドマシンいろいろ ………………………………… 16

4　地下鉄駅につながる巨大地下街 ……………………………………………… 18
5　地下街を占める通路と駐車場 ………………………………………………… 20
6　都心部のハイテク駐車・駐輪場 ……………………………………………… 22

**これはびっくり！** 地下のイメージを一新する地下空間 …………………… 24

7　道路の下に高速道路 …………………………………………………………… 26
8　道路トンネルの安全・環境対策 ……………………………………………… 28
9　ビル街の真下にトンネルをほる ……………………………………………… 30

さくいん …………………………………………………………………………… 32

## この本のつかい方

● 1～9までのテーマ
● 関連するもう少しくわしい情報
● 大きなめずらしい写真がいっぱい
● 正確な図解

# 1 大都市にはりめぐらされている地下鉄

日本最初の地下鉄は、東京の銀座線です。1927年12月30日、当時最大の繁華街だった上野と浅草をむすんで開業しました。長さは、わずか2kmでした。

銀座線開通時のポスター。提供：東京地下鉄

開業当時の車両をモデルに設計された銀座線車両「1000系」。80年以上前からつかわれているトンネルはいまだに健在だ。提供：東京地下鉄

## 広がる地下鉄路線

日本の地下鉄は、浅草〜上野間を第一歩として、1933年には、大阪の梅田〜心斎橋間を開業しました。その後、都市の発展にあわせ、路線をのばしたり開業をかさねたりして、1950〜60年代は、東京・大阪・名古屋を中心に地方の中枢都市へと広がっていきました。

2014年現在では、9都市（札幌、仙台、東京、横浜、名古屋、京都、大阪、神戸、福岡）で45路線、合計約750kmに達しています（日本地下鉄協会調べ）。東京の地下鉄の営業キロ数は、世界の都市とくらべてもトップクラスです。

### 世界の地下鉄の比較

| 都市名 | 営業キロ（km） | 年間輸送人員（百万人） |
|---|---|---|
| ロンドン | 408.0 | 1,073 |
| ニューヨーク | 374.0 | 1,623 |
| 上海 | 330.0 | 1,314 |
| ソウル | 313.9 | 2,156 |
| 東京 | 304.1 | 3,111 |
| モスクワ | 292.2 | 2,573 |

※地上部をふくむ全営業キロを記載。　資料：日本地下鉄協会HPより

### まめちしき　日本の「地下鉄の父」

日本最初の地下鉄は、1914年に仕事でヨーロッパを訪問して、ロンドンで地下鉄が発達している（→1巻）のをまのあたりにした早川徳次氏が、東京にも地下鉄が必要と考えたことにはじまります。かれは、関東大震災などの多くの困難をのりこえ、1927年12月30日、浅草駅から上野駅まで開業させました。地下街（→P18）も、かれのアイデアだといわれています。

銀座線を開業した東京地下鉄道の創業者である早川徳次氏。提供：東京地下鉄

東京メトロ副都心線の東新宿駅から渋谷方面行きの線路。たいらにつづいているように見えるが実は坂道になっている。地下鉄開通80周年記念トンネルウォークにて撮影。
撮影：大上祐史（http://radiate.jp）

## 地下鉄の線路はゆるやかな坂道！

　下の地下鉄断面図をみてわかるように、地下鉄の線路は、駅と駅のあいだが谷のようにくぼんでいたり、上り勾配だったり下り勾配があったりと、地下のようすによってさまざまです。これは、車両が下り坂をくだる勢いを利用して、駅を発車するときに必要な大きなエネルギーを節約するくふうです。

### 東京メトロ副都心線の池袋～渋谷間縦断面図

※深さ：地表からレールの高いところまでをはかった数字

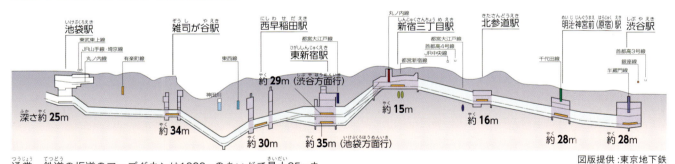

図版提供：東京地下鉄

　通常、鉄道の坂道のアップダウンは1000mのあいだで最大35mまでと決められているが、東新宿駅と新宿三丁目駅のあいだは国土交通省から特別に認可された40m級の坂道となっている。

大江戸線飯田橋駅の出口にある換気塔。

### まめちしき　空気を入れかえる換気口

　地下鉄のトンネルには、一定間隔ごとに地上に通じる換気口があります。これは、内部を車両が通過するときにおこる風を利用して、空気を入れかえる構造になっています。駅が深いところにある場合は、地下にある大きなファンをまわして換気立坑（換気塔）といううえんとつから、空気を外に出します。

歩道わきにある地下鉄の換気口。

日本の地下鉄の駅のなかで最深部にある大江戸線六本木駅のホーム。柱の数が多いのも特ちょう。撮影：大垣義昭

# 2 最深部にある駅のホームは地下7階

最初のころの地下鉄のトンネルは、地下のそれほど深いところにはありませんでした。しかし、新しい路線を交差するときなど、すでにある路線の下をとおす必要があり、どんどん深くなっていきました。

## 地下深くを走る地下鉄

つくりはじめたころ（銀座線）の地下鉄は、地上から4〜5mのところに線路がありました。しかし、現在では、場所によって3重、4重に交差しているところがあります。そこは、地下約50mにも達しています。

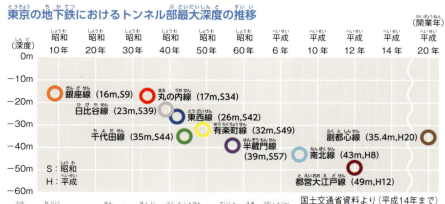

東京の地下鉄におけるトンネル部最大深度の推移

- 銀座線（16m, S9）
- 丸の内線（17m, S34）
- 日比谷線（23m, S39）
- 東西線（26m, S42）
- 千代田線（35m, S44）
- 有楽町線（32m, S49）
- 半蔵門線（39m, S57）
- 南北線（43m, H8）
- 副都心線（35.4m, H20）
- 都営大江戸線（49m, H12）

S：昭和　H：平成

※深さは地表からレール面までの距離。副都心線のみ最深の駅（東新宿）。

国土交通省資料より（平成14年まで）

## 地下の最深部を走る 都営大江戸線

2000年12月に全線が開通した東京の都営大江戸線は、いちばん深いところが、地下49mに達しています。とちゅうにある六本木駅は、深さ42.3mのところにあり（地下鉄の駅のなかで最深）、ホームは、地下7階にあります。

### 大江戸線六本木駅構内立体図

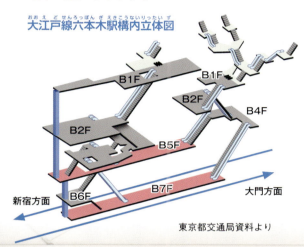

東京都交通局資料より

### まめちしき　地下鉄の電車はどこから入れるの？

地下鉄の車両は、どこから地下鉄に入れるのでしょう？ じつは、地下を走る電車は、地上にある車両基地から地下の線路へもぐっていったり、もどってきたりします。また、地下の車両基地のそばに搬入口がつくられていて、そこから電車を入れられるようになっているところもあります。

大きなクレーンで車両をつりさげ、そのまま地下におろされる。車両と車輪をとりつける作業は、地下の基地でおこなわれる。提供：東京地下鉄

### 長いエスカレーター
千代田線の新御茶ノ水駅にあるエスカレーターは長さが42mと、とても長い。地下鉄の駅で最深の大江戸線六本木駅のエスカレーターは、あまり長すぎると転落したときに、危険なので、短くいくつかにわけている。撮影：大垣義昭

# 3 さらに進む鉄道の地下化

最近、東京や大阪などの大都市では、地表を走っている鉄道の一部区間で地下化工事が積極的に進められています。

### 小田急線の連続立体交差事業および複ふく線化事業

東京の小田急電鉄では、下北沢地区において2004年から連続立体交差事業と、地下で4線化する複ふく線化事業を一体的に進めていて、2017年度の複ふく線化、2018年度の事業完了をめざしている。2013年3月に在来線の線路を地下化することで、地上にあった9つのふみきりがなくなった。

## 地下を走らせるわけ

鉄道路線を地下化すると、道路の渋滞がなくなったり、ふみきりがなくなったりするなど、便利になることが多くあります。また、町の景色がすっきりして見通しもよくなります。

現在、地下化工事をおこなっている東京の小田急線下北沢駅では、2013年3月に地下化した急行線トンネルの上に新たな緩行線のトンネルをつくっています。地下空間を利用して複ふく線化することで、朝のラッシュ時に電車を増発でき、混雑を大幅にへらせると予想されています。

2013年3月に地下化が完成した小田急線下北沢駅（急行線ホーム）。提供：小田急電鉄

### 工事中区間（東北沢～世田谷代田）概略図と下北沢駅の断面図

小田急線の連続立体交差事業および複ふく線化事業によって、下北沢駅は、地下2階が緩行線ホーム、地下3階が急行線ホームになる。

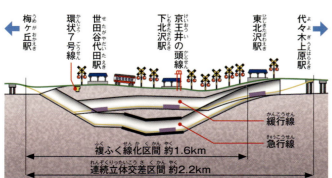

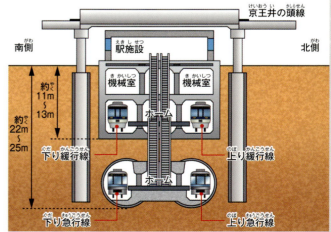

小田急電鉄資料より

下北沢駅の工事中のようす（2012年1月時点）。地下2階にある将来の緩行線ホームから地下3階の急行線ホームをのぞいたところ。まんなかのあなにはエスカレーターなどが設置される。
撮影：大山顕

## これはびっくり！ トンネルのほり方のうつりかわり

地下鉄は、地下にトンネルをほって、線路をひいていきます。トンネルのつくり方には、おもに「シールド工法」と「開削工法」の2種類があり、現代ではシールドマシンを使用するシールド工法が多く採用されています。

### ■地下深くをほるトンネル工事

日本ではじめて地下鉄ができた1927年ころは、トンネルは道路の地表の近くをほればよかったので、開削工法（図①）でつくられましたが、昭和30年代ころになると、もっと深いところをほることのできるシールド工法（図②）がつかわれるようになりました。

**図① 開削工法** 道路の両側に壁をつくったらほりすすみ、切梁でささえる。目的の深さまでほったら、切梁をはずしながらトンネルをつくり、できあがったらうめもどす工法。

❶杭打ち
❷掘削し、切梁でささえる
❸トンネルをつくる
❹うめもどし

土木学会HPより

**図② シールド工法**

シールドマシンという円筒形の機械で地中をほりすすみながら、後方のほりおえた部分にセグメントといわれるコンクリートや鉄鋼製のブロックをはりつけていく工法。けずりとられた土砂は、パイプなどによって地上に運ばれる。地上の交通への影響が少なくなる。なお、シールドとは「楯」を意味し、守りふせぐということ。

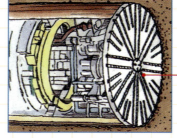

この部分が回転して土をほりすすむ。

土木学会HPより

### まめちしき　貝がヒントのシールド工法

シールド工法は、フランス人のブルネルという技士が1818年に考案し、1825年、イギリス・ロンドンのテムズ川の水底をくぐるトンネル工事で導入されました。

ブルネルは、貝の一種であるフナクイムシが船の木材を食べながら、うしろをからでかためていくようすをヒントにして、この工法を発明しました。ブルネルが考案したシールドマシンは木製で、後部に設置した「レンガ製のおおい」をジャッキでおすことで推進するしくみです。

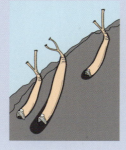

木材にあなをあけて進むフナクイムシ。
土木学会HPより

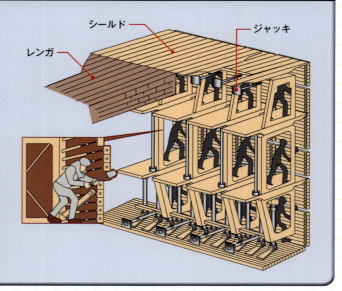

### 白子川地下調節池トンネル（東京都）を建設

この深さを
ほりすすむ！

外径10.8m、機長11.1mのシールドマシン。黄色い突起物がカッターの刃。こちら側が前面となり、この部分が回転してほりすすむ。提供：大成建設

### 神田川・環状7号線地下調節池トンネル（東京都）を建設

世界最大級のシールドマシン。外径13.44m、機長11.24m。人物とくらべると、その大きさがわかる。前方の面いっぱいに「カッタービット」とよばれる、おろし金のようなこまかい刃が円周状および放射状に1300個ならんでいる。提供：大成建設

# シールドマシンいろいろ

**これはびっくり！**

これまでのシールドマシンは、地中の強い圧力にもたえられるように円形の断面をしていて、円形のトンネルをつくるだけでした。最近では、だ円形や四角い断面のトンネルがほれるシールドマシンも開発されています。

## ■世界にほこる泥水加圧式シールド工法*

日本は、1969年、シールド工法をもとに「泥水加圧式シールド工法」とよばれる工法を開発しました。これは、シールドの先端部分を壁でふさぎ、これからほる部分に水（泥水）を送ることで圧力をくわえ、その部分がくずれないようにします。また、後方のほりおえた部分に土砂や地下水が流入しないようにして安全なトンネル建設を実現させました。いま、この工法によるトンネル建設が、世界じゅうでおこなわれています。

*シールド工法には、「泥土加圧式シールド工法」という方法もある。カッターで切削した土砂をチャンバー内に充満させ、添加剤を入れて泥土に変換。泥土の圧力でその部分がくずれないようにし、安定した掘削を可能にする。これも日本で誕生した工法。

ほりすすむ方向

### 基本形（単円型）シールドマシン

神奈川県横浜市の今井川地下調節池トンネルの建設につかわれたシールドマシン。外径12.14mの大断面で、地下約80mに約2kmのトンネルを建設した。

提供：清水建設

## 泥水加圧式シールドマシン

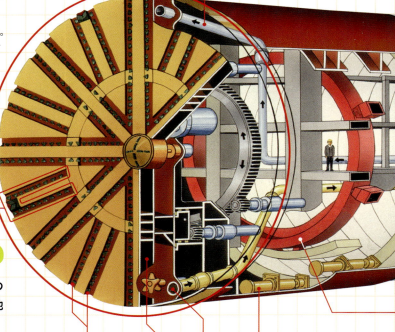

**カッターヘッド**
トンネルをほるときに、この部分が回転して、カッタービットで岩盤や石などをこまかくくだく。

**送水管**
チャンバーに入ってくる土に圧力コントロールされた泥水を送りこむ管。

**カッタースリット**
ほった土を取りこむところ。

**カッタービット**
超合金でつくられた刃。

**シールドジャッキ**
動かないセグメントをジャッキで押すことで、シールドマシンを前進させる。

**チャンバー**
先端部分をふさいだ壁とカッターの刃がある面のあいだのスペース。ここに加圧した泥水を送り、ほった土とまぜて、排泥管で送りだす。

**排泥管**
チャンバーでまざった泥水を地上に搬出する管。

## ■四角い断面のトンネルをほる パドル・シールド工法

これまでにないドラム缶形状のカッターを装備したシールド機をつかい、四角い断面のトンネルを建設する工法が開発されました。とくに、浅い地下をほるのに力を発揮します。（写真は実証実験機）

青色の部分がカッターで、黄色の部分が土をけずるカッタービット。下図のようにカッターを回転させてほりすすむ。

パドルマシンでほった、パイプをとおすためのトンネル。断面が四角いかたちになっている。

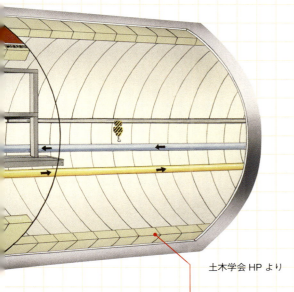

土木学会 HP より

**エレクター**
セグメントを所定の位置に運び自動的に組みたてる装置。

**セグメント**
コンクリートや鉄鋼製でできていて、分割されたブロックでつくられている。ほったあと、トンネルがくずれないようにセグメントをくっつけて円形の壁をつくる。

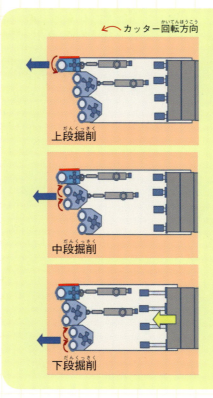

### パドル・シールド工法

- 前方に上中下3段に配置されたカッターは、上段が前方にスライドできるようになっている。
- 通常は上段のカッターを収納した姿勢で掘削（上の写真の状態）。
- 地下の浅いところをほるときには、上段カッターを前方にスライドさせて先に掘削をおこない、つづいて中段、下段のカッターで掘削しながらシールドマシンを前進する。上段カッターが先に掘削することで、地表面の沈下を抑制することができる。

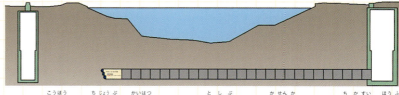

シールド工法は、地上部が開発されている都市部でも、河川下のような地下水が豊富なところでも安全にトンネルをつくることができる。

提供：清水建設

19世紀のヨーロッパをイメージしてつくられた福岡市の天神地下街。南欧風の石だたみの道や、唐草もようの天井が特ちょう。提供：福岡市

# 4 地下鉄駅につながる巨大地下街

トンネルの技術を応用してつくられた地下街は、駅の出入口と直接つながっていることが多く、雨の日や風の強い日でも、快適に買い物ができて、人気です。

## 銀座線に誕生した地下広場

地下空間を日本で本格的に利用したのは、銀座線の「三越前」駅です。三越デパートが駅の建設費を出すかわりに駅名をつけ、地下鉄の駅と商業施設をいっしょに開発したのです。その後、1930年に銀座線の上野駅に、1931年には神田、日本橋、銀座、新橋駅に、地下道と地下ストアが開設され、小さいスペースながら、駅に直結する地下広場が誕生しました。

銀座線神田駅とつながっていた神田須田町地下鉄ストア（現在は営業終了）。天井の高さは約1.9mと、現在の地下街より低い。撮影：二村高史

## 地下道から大地下街へ

1960年代に入り、車社会の到来とともに、地上の交通混雑を緩和することを目的として大阪と名古屋に地下街ができはじめます。

大阪の地下街は、歩行者が安全に道路を横断するためにつくられた地下道がきっかけでした。それまでの暗い地下道のイメージが一新されて、1957年にショッピングゾーンとして大阪市の「ナンバ地下センター」が誕生。その大成功により、1963年には、地下街「ウメダ地下センター」、1968年「アベノ橋地下センター」と、ターミナル駅近辺に次つぎと大地下街が広がっていきました。

名古屋でも1957年、名古屋駅と栄駅に地下街ができました。

別名「梅田地下帝国」をほこる、大阪の梅田地下街にある開放的なふきぬけ部分。天井の開口部から外の光をとりいれているので、地下なのにとても明るい。

### 地下街ベスト10（延べ面積）

| | 都道府県 | 名称 | 延べ面積 | 開業年 |
|---|---|---|---|---|
| 1 | 大阪・大阪市 | 長堀地下街（クリスタ長堀） | 8.2万 m² | 1997年 |
| 2 | 東京・中央区 | 八重洲地下街 | 7.3万 m² | 1965年（第一期） |
| 3 | 神奈川・川崎市 | 川崎地下街アゼリア | 5.7万 m² | 1986年 |
| 4 | 愛知・名古屋市 | セントラルパーク地下街 | 5.6万 m² | 1978年 |
| 5 | 福岡・福岡市 | 天神地下街 | 5.3万 m² | 1976年 |
| 6 | 大阪・大阪市 | ディアモール大阪（大阪駅前ダイヤモンド地下街） | 4.3万 m² | 1995年 |
| 7 | 神奈川・横浜市 | 横浜駅東口地下街（ポルタ） | 3.9万 m² | 1980年 |
| 8 | 神奈川・横浜市 | ザ・ダイヤモンド | 3.9万 m² | 1964年 |
| 9 | 東京・新宿区 | 新宿サブナード | 3.8万 m² | 1973年 |
| 10 | 大阪・大阪市 | なんばウォーク | 3.6万 m² | 1970年 |

### 梅田地下街のマップ

- 地下接続ビル
- 地下通路
- 店舗など

# 5 地下街を占める通路と駐車場

長堀通の地下をまっすぐとおる、クリスタ長堀の地下街。
提供：クリスタ長堀

大きな駅につづく地下街には、
通路や大きな駐車場がつくられています。
駅につづく地下街なのに自動車を
利用する人にとっても便利です。

## 日本一広い地下街のひみつ

単独の地下街として日本最大をほこる「クリスタ長堀」は、大阪市の中心部をとおる、長堀通の全長860mの部分の地下にあります。ここは、もともと駐車場でした。そこに1997年、総面積8.2万 m²の、地下街がつくられました（駐車場はその半分ほどの広さ）。

### クリスタ長堀
地下4層構造で、地下1階にはお店が入り、地下2～4階は駐車場・地下鉄などに活用されている。

提供：クリスタ長堀

## 地下街をむすぶ地下通路

東京駅の丸の内側の地下は、千代田線大手町駅から日比谷線の東銀座駅まで、地上に出ることなく地下通路を歩くことができる日本一長い地下通路です（右の地図上に赤い線でしめしている部分）。

約4kmの最長ルート

日本一長い地下通路は、約4km。直線の通路がつづく。

## 歩行空間としての地下通路

地下通路は、地下街のように通路の両わきにお店などが設置されず、単に通行するためだけの空間です。ふつうは単調なデザインで計画されることが多いのですが、北海道札幌市にできた札幌駅前通地下歩行空間は、にぎわいを演出するデザインが評価され、「2012年度グッドデザイン賞」を受賞しました。

### 札幌駅前通地下歩行空間「チ・カ・ホ」

2011年、札幌市のメインストリート札幌駅前通りの真下をとおり、地下鉄南北線さっぽろ駅と大通駅間の約520mをつなぐ地下空間が開通した。歩くと10分。雪の多い北海道では、地下通路がとくにありがたいといわれる。提供：札幌市

### 500m美術館

地下鉄大通駅とバスセンター前駅をむすぶ地下コンコース内には、アートを楽しみながら歩くギャラリー空間としてデザインされた「500m美術館」がある。地上から光をとりいれ、快適さも考慮されている。

提供：札幌市

# 6 都心部のハイテク駐車・駐輪場

土地がせまい都心部では、地下空間がさまざまに利用されています。知恵とくふうがつまった地下駐車場や駐輪場も、地下空間を有効に活用している例です。

## 首都圏の機械式地下駐車場

近年、首都圏では、地下空間を効率よく利用し、より多くの車を収容することができる駐車場があちこちにできています。下の図の駐車場は、平面往復方式とよばれ、その名のとおり平面の層になっていて、地上からエレベーターで地下へ運ばれた車が前後左右にスライドして適した場所へ収容されます。階層をふやすことで、同じスペースに駐車できる台数をふやすことができます。

### 平面往復方式の駐車場

中央に入庫車や出庫車を乗せた台車をとおす走行路がある、ダブルパレット式の地下駐車場。ほかにもいろいろな方式がある。

駐車場内のようす。台車がとおる通路の両側に格納庫がならぶ。

自動車はそれぞれ格納庫におさめられる。

提供：JFEテクノス
（写真は横浜市日本大通り地下駐車場）

### まめちしき　自走式と機械式

立体駐車場は、自走式と機械式にわけられます。自走式は、複数階がななめの通路でつながったもので、駐車場内を運転手が運転して入庫・出庫します。機械式は、無人の自動車を機械をつかって駐車位置に運んで駐車させる方法です。機械式の駐車場が発明されたのは、1929年のこと。大阪市西淀川区の角利吉氏が現在の垂直循環方式ともいえる装置を発明し、特許出願をしました。しかし、当時はまだ日本の自動車保有台数が少なかったため、実用化にはいたりませんでした。1962年になり、石川島播磨重工業（現在のIHI）が東京の日本橋高島屋に納品したのが最初の実用例です。

現代では、「円形機械式地下式駐車場」も登場。一般的な駐車場とくらべると、約5倍の収納力がある。提供：エイトアンドグローバル

## 収容台数日本一の地下駐輪場

東京の江戸川区葛西駅周辺は、急激な人口増加により、自転車であふれていました。しかし、地上には新たに駐輪場をつくれるだけのスペースがありません。そこで駅前の広場に地下空間を利用した「機械式地下立体駐輪場」ができました。自転車9400台（うち機械式駐輪台数約6500台）の収容能力があり、IT技術により、出し入れの操作もかんたんに素早くできるようになっています。

江戸川区葛西駅前の地下駐輪場（イメージ図）

一基あたり180台収容できる円筒形の機械駐輪システムが駅前広場の地下に36基うめこまれている。提供：JFEエンジニアリング

地上には、自転車を入れるゲートがあるのみ。ここからエレベータで自動的に収納される。1台数十秒で出し入れができる。提供：JFEエンジニアリング

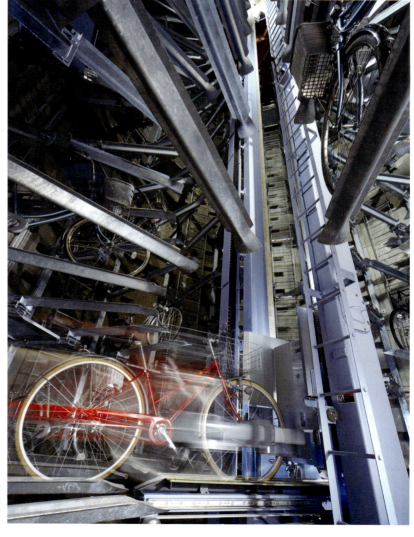

### サイクルツリー

こうした機械式立体駐輪システムは「サイクルツリー」とよばれる。地下空間が立体的に活用されている。提供：JFEエンジニアリング

### これはびっくり！ 地下のイメージを一新する地下空間

地上にくらべて温度や湿度が一定という地下の特性を生かして、地下空間を利用している施設がいろいろあります。しかも、地下空間に自然光を入れるなどして、これまでの地下のイメージを大きくかえています。

#### ■完全地下型の美術館

温度や湿度の影響を受けにくい地下は、美術品の収蔵に適しています。大阪の北区中之島に誕生した国立国際美術館は、世界でもめずらしい「完全地下型」の美術館です。地下にありながら、地下3階までは、太陽光がさしこむようにふきぬけになっています。

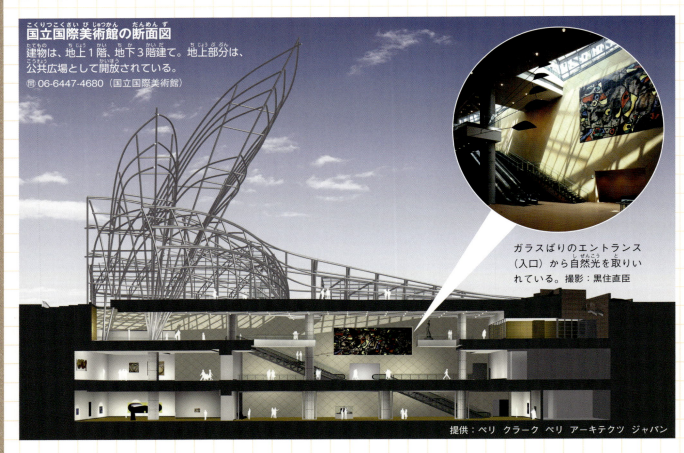

**国立国際美術館の断面図**
建物は、地上1階、地下3階建て。地上部分は、公共広場として開放されている。
☎ 06-6447-4680（国立国際美術館）

ガラスばりのエントランス（入口）から自然光を取りいれている。撮影：黒住直臣

提供：ペリ クラーク ペリ アーキテクツ ジャパン

---

**まめちしき**　**地中にある美術館**

香川県の直島にある地中美術館は、瀬戸内海の美しいけしきをそこなわないように、建物の大半が地下にあります。館内は、地下でも自然光がふりそそぐようにくふうされています。

☎ 087-892-3755（地中美術館）

光のぐあいによって作品や空間の表情が変わる。撮影：Michael Kellough

美術館は、直島の南側にある。撮影：大沢誠一

新館の地下にある書庫。提供：国立国会図書館

## ■本の保存にも最適

　日本最大の蔵書をもつ国立国会図書館では、本の大半を書庫にしまっています。東京本館（東京都永田町）の新館には、地下8階（地下30m）までの書庫があります。紙の本は、強い日ざしや湿気、急激な温度変化をきらいます。書庫はつねに温度22℃、湿度55％を目安に、一年をとおして大きな変化がないようにしています。また、本がたくさんあると重いですが、地下にしまうことで、建物への負担が少なくてすみます。

### 国立国会図書館（東京本館）の断面図
国立国会図書館の新館書庫は外気の影響が少なく地震のゆれが少ないことからすべて地下につくられた。

書庫部分

←新館　　　本館

### 新館書庫の「光庭」
閉鎖的になりやすい地下の書庫内ではたらく人たちへの心理的負担を少なくするために、地下8階まで自然光がとどくように設計されている。提供：国立国会図書館

**まめちしき　地下にある巨大フィルム倉庫**

国立の映画機関として知られる「東京国立近代美術館フィルムセンター」では、映画フィルムを日本でゆいいつ収集・保存するための倉庫を地下に設けています。フィルムは高温・高湿など保管の環境がわるいと劣化してしまうからです。

神奈川県相模原分館にある地下倉庫。

**中央環状線山手トンネル**
山手通りの地下をとおる「山手トンネル」と接続する大橋ジャンクション。
撮影：大上祐史（http://radiate.jp）

# 7 道路の下に高速道路

近年東京では、鉄道を地下に通すのと同じように道路を地下に走らせようという計画が進められてきました。そのひとつが首都高速中央環状線山手トンネルです。

## 都市トンネルで首都圏の車の流れをかえる

都心部の慢性的な渋滞を解消するために、東京の中心から半径約8kmのところをぐるりとまわる環状道路「首都高速中央環状線」の整備がすすめられてきました（2015年3月全線開通予定）。中央環状線の総延長46.6kmのうち、すでに開通している熊野町～大橋ジャンクション（約9.8km）と2014年現在建設中の大橋～大井ジャンクション（約8.4km）をあわせた約18.2kmが、山手通りもしくは目黒川の地下を通るトンネルです。

### まめちしき　高低差約70mの大橋ジャンクション

首都高速道路中央環状線は、大橋ジャンクションで、中央環状線山手トンネルと3号渋谷線が接続します。「地上約35m」の3号渋谷線と「地下約36m」の中央環状線の高低差は約70m。大橋ジャンクションには、首都高速3号渋谷線方面に向かう道路と中央環状線山手トンネルへ向かう道路が2重になっているので、地上3層、地下1層の合計4層の道路がとおることになります。

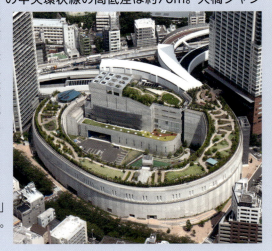

最上部に「目黒天空庭園」がある大橋ジャンクション。
提供：首都高速道路

**中央環状線山手トンネルの工事中のようす**
全線開通すれば、山手トンネルは18.2kmとなり、関越道の関越トンネル（11km）をぬいて道路トンネルの長さ日本一となる。撮影：大上祐史（http://radiate.jp）

# 8 道路トンネルの安全・環境対策

道路トンネルでは万一の事故に備えて、さまざまなくふうがほどこされています。日常の換気のためにも大がかりな設備があります。

## トンネル内のさまざまな安全設備

道路トンネルでは、トンネルの長さや交通量によってトンネルの等級が決められ（長くて交通量が多いトンネルほど等級があがる）、等級があがるほど備えなければならない非常用の設備が多くなります。最高等級の中央環状線山手トンネルでは、下のようになっています。

### 中央環状線山手トンネルの防災設備の例

**自動火災検知機**
約25m間隔で設置。

**テレビカメラ**
約100mごとにテレビカメラを設置、交通状況などを24時間体制で見守る。

**水噴霧設備**
管制室から遠隔操作をして、約50mの範囲に霧状の水を放水する。

**非常電話**
約100m間隔で設置。

**避難通路**
2本のトンネルが横に平行しているところでは非常口から反対側のトンネルを経由して地上へ避難となるのがふつう。

**非常口**
非常口の間隔は250m以内。

**押しボタン式通報装置**
約50m間隔で設置。

**独立避難通路**
トンネルが上下に平行している場合や、反対側のトンネルへの避難が困難な区間では、耐火性のある通路をとおり、いちばん近い換気所を経由して地上へ避難する。

**消火器と泡消火栓**
約50m間隔で設置。

## 密封されたトンネル内をきれいにする

利用する自動車の数が多いところでは、そのままにしておくとトンネル内が排気ガスで充まんします。そうならないように、「換気塔」というえんとつが一定間隔ごとに設置され、排気ガスを外ににがして、同時に新鮮な空気を取りこむようになっています。

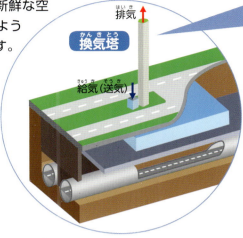

**中央環状線の換気塔**
地下トンネル部分から排気ガスをふきあげる高さ45m、たて6m、横5.4mの巨大な換気塔。

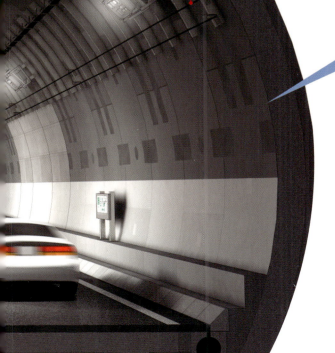

**文字情報板・トンネル警報板**
渋滞などの交通情報やトンネル内の火災事故などの情報を提供する。

**拡声放送スピーカー**
200m以下の間隔でスピーカーを設置し、ドライバーに情報を伝達する。

**ラジオ再放送設備**
緊急放送でトンネル内へ情報を伝達。

**パトロール隊**
24時間体制で巡回。

提供：首都高速道路

### まめちしき 鉄道トンネルや地下街の安全対策

鉄道トンネルの場合は、地下鉄道基準にもとづき、駅舎の不燃化、消火設備や避難誘導表示板、熱気流やけむりをしゃだんする防火扉などの設置をしています。車両の不燃性をはかる火災実験などもおこなわれています。

地下街などは建築基準法や消防法などの法律にもとづき、消火設備や排煙設備、避難誘導設備、防火扉などを設けています。

# 9 ビル街の真下にトンネルをほる

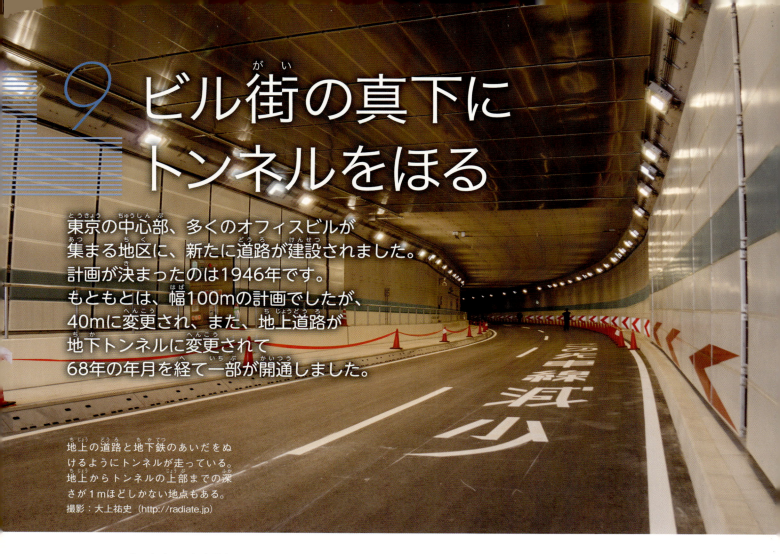

東京の中心部、多くのオフィスビルが集まる地区に、新たに道路が建設されました。計画が決まったのは1946年です。もともとは、幅100mの計画でしたが、40mに変更され、また、地上道路が地下トンネルに変更されて68年の年月を経て一部が開通しました。

地上の道路と地下鉄のあいだをぬけるようにトンネルが走っている。地上からトンネルの上部までの深さが1mほどしかない地点もある。
撮影：大上祐史（http://radiate.jp）

## 長らく計画は中断

地下トンネルがほられたのは、都心をぐるりとめぐる環状2号線の虎ノ門から築地までの区間です。道路計画のためには、現在居住している住民のたちのきが必要。たちのき交渉が進まず用地買収がなかなかできませんでした。1989年、道路の上に建物を建てることが法律的に可能になり、計画が実現しました。

## 地域の再開発事業

地下トンネルの上には、「虎ノ門ヒルズ」とよばれる52階建て（高さ247m）のビルが建設されています。さらに、地下トンネルになる部分の地上部には、幅40mになる広い道路や草木が植えられた6000m²の広場も誕生し、地下と地上を活用した一石二鳥のプロジェクトとなっています。

### 虎ノ門ヒルズと周辺のようす

虎ノ門ヒルズの地下には、環状2号線の築地虎ノ門トンネルが貫通する。提供：森ビル

### まめちしき マッカーサー道路

環状2号線は、幻の道路ともいわれていました。1946年、日本の終戦後にアメリカ軍が虎ノ門にあるアメリカ大使館から竹芝桟橋にいたる幅100mの軍用道路の建設を計画しているといわれ、当時の連合国軍総司令部（GHQ）の最高司令官であるダグラス・マッカーサーの名前にちなんで「マッカーサー道路」とよばれるようになりました。

最高司令官マッカーサー。提供：毎日新聞社

2014年3月29日に新橋—虎ノ門間が開通。写真は、「築地虎ノ門トンネル」の虎ノ門側出入り口。高いビルが虎ノ門ヒルズ。提供：東京都

トンネルが工事中だったときのようす（2013年）。上の部分がまだ完成していないので、仮の柱が天井をささえている。撮影：大山顕

# さくいん

## あ行

アベノ橋地下センター……19
梅田地下街……………………19
ウメダ地下センター…………19
梅田地下帝国…………………19
エスカレーター
　………………3、5、11、13
エレクター……………………17
大江戸線飯田橋駅……………9
大江戸線六本木駅……………10
大橋ジャンクション…………26
小田急線下北沢駅……………12

## か行

開削工法………………………14
カッタースリット……………16
カッタービット
　………………15、16、17
カッターヘッド………………16
換気口…………………………9
換気塔………………………9、29
環状2号線（東京）…………30
神田須田町地下鉄ストア……18
機械式地下立体駐輪場………23
銀座線………………8、10、18
銀座線上野駅…………………18
銀座線神田駅…………………18
クリスタ長堀…………………20
国立国際美術館………………24
国立国会図書館………………25
500m美術館…………………21

## さ行

サイクルツリー………………23
栄駅……………………………19
札幌駅前通地下歩行空間チ・カ・ホ
　………………………………21
シールド工法……14、16、17
シールドジャッキ……………16
シールドマシン
　………5、14、15、16、17
首都高速3号渋谷線…………26
首都高速中央環状線…………26
セグメント………14、16、17
送水管…………………………16

## た行

ターミナル駅……………1、19
ダグラス・マッカーサー……30
地下街………1、5、18、19、
　20、21、29
地下駐車場………………4、22
地下駐輪場……………………23
地下通路………………………5、21
地下鉄………1、3、5、8、9、
　10、11、14、18、21
地下広場………………………18
地中美術館……………………24
チャンバー……………………16
中央環状線山手トンネル
　………………26、27、28
築地虎ノ門トンネル……30、31
泥水加圧式シールド工法……16
泥土加圧式シールド工法……16
天神地下街……………………18
東京駅…………………………21
東京国立近代美術館フィルムセンター
　………………………………25
東京メトロ副都心線…………9
都営大江戸線…………………11
虎ノ門ヒルズ…………………30

## な行

名古屋駅………………………19
ナンバ地下センター…………19

## は行

排泥管…………………………16
パドル・シールド工法………17
早川徳次………………………8
光庭……………………………25
フナクイムシ…………………14
復ふく線化事業………………12
ふみきり………………………12
ブルネル………………………14

## ま行

マッカーサー道路……………30
三越前駅………………………18
目黒天空庭園…………………26

## ら行

立体駐車場……………………22
連続立体交差事業……………12

■ 監修／公益社団法人 土木学会 地下空間研究委員会
地下空間研究委員会は、土木学会に設置されている調査研究委員会の一つ。地下空間利用に伴う人間中心の視線に立ちながら、地下空間の利便性向上、防災への対応、長寿命化などを研究する新たな学問分野である"地下空間学"を創造し、世の中に広めるための活動をおこなっている。活動の範囲は、都市計画など土木工学の範囲に留まらず、建築、法律、医学、心理学、福祉、さらには芸術の分野におよぶ。
http://www.jsce-ousr.org/

■ 編集／こどもくらぶ（二宮祐子）
あそび・教育・福祉・国際分野で、毎年100タイトルほどの児童書を企画、編集している。

■ 企画・制作・デザイン／株式会社エヌ・アンド・エス企画
　　　　　　　　　　　矢野瑛子

■参考資料
・『みんなが知りたい　地下の秘密』（地下空間普及研究会）ソフトバンク・クリエイティブ

■ホームページ
・「ものしり博士のドボク教室」土木学会
　http://www.jsce.or.jp/contents/hakase/tunnel/03/index.html
・「日本の地下鉄」「世界の地下鉄」日本地下鉄協会
　http://www.jametro.or.jp/
・「地下鉄がおもしろくなる東京メトロこども大学」東京メトロ
　http://kids.tokyometro.jp/
・「シモチカナビ」小田急電鉄
　http://www.shimochika-navi.com/index.html
・「東京SMOOTH」首都高速道路
　http://www.shutoko.jp/ss/tokyo-smooth/
・「環状第二号線新橋・虎ノ門地区」東京都
　http://www.toshiseibi.metro.tokyo.jp/saikaihatu_j/tikubetu/kanjyounigou/pdf/ko01.pdf

この本の情報は、特に明記されているもの以外は、2014年12月現在のものです。

■ 絵
松島浩一郎

■ 写真協力（敬称略）
大上祐史／大垣善昭
大山顕／二村高史
東京地下鉄／小田急電鉄
建設MiL／土木学会／大成建設
清水建設／福岡市
クリスタ長堀／札幌市
JFEテクノス／JFEエンジニアリング
ペリ クラーク ペリ アーキテクツ ジャパン
地中美術館／国立国会図書館
東京都／首都高速道路
毎日新聞社／森ビル
Skylight/PIXTA

---

大きな写真と絵でみる 地下のひみつ　③街に広がる地下の世界　　NDC510

2015年1月30日　初版発行

監　　修　　公益社団法人 土木学会 地下空間研究委員会
発行者　　山浦真一
発行所　　株式会社あすなろ書房　〒162-0041　東京都新宿区早稲田鶴巻町551-4
　　　　　　電話　03-3203-3350（代表）
印刷所　　凸版印刷株式会社
製本所　　凸版印刷株式会社

©2015　Kodomo Kurabu
Printed in Japan

32p／31cm
ISBN978-4-7515-2783-2